Crinkleroot's

森林爷爷自然课

树木认知指南

[美] 吉姆·阿诺斯基 著/绘

洪宇 译

人民东方出版传媒
People's Oriental Publishing & Media

东方出版社
The Oriental Press

作者序

亲爱的中国小读者们，在这套书里，我想向你们介绍一位老朋友——"森林爷爷"克林克洛特。很多年前，我在大森林深处一间小木屋里生活时，创作了这个人物，希望他成为自然探索向导，引领全世界热爱大自然的孩子们去不断探索。

不管哪个季节，森林爷爷总是精力充沛、精神焕发。他能找到藏在树叶间的秘密，他能读出写在雪地上的故事。而他最开心的，就是跟你们分享这些秘密和故事。

吉姆·阿诺斯基

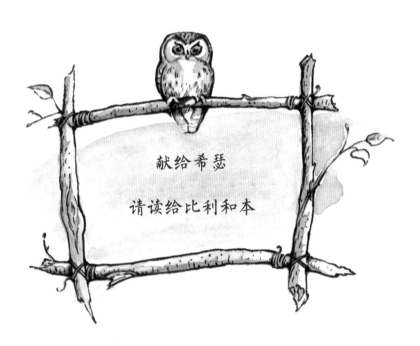

献给希瑟

请读给比利和本

4

你好，朋友！我叫克林克洛特，大家都叫我森林爷爷。

真巧啊，你在森林中央遇到了我。我经常来这里漫步，观察树木。如果你愿意的话，我来向你介绍它们。有些树是我的老朋友，比如那棵遮天蔽日的老栎树。有些树刚刚开始生命的旅程，比如这些嫩绿的小栎树苗。

你找不到比我更了解树木的向导了。我就出生在森林里，住在森林里，那里有很多树。

其实，你住的地方也有树，比如公园里、公路两侧，或者在沼泽、草地和田野里，甚至在荒原里。在任何有土壤、水和阳光的地方，树都能生长。

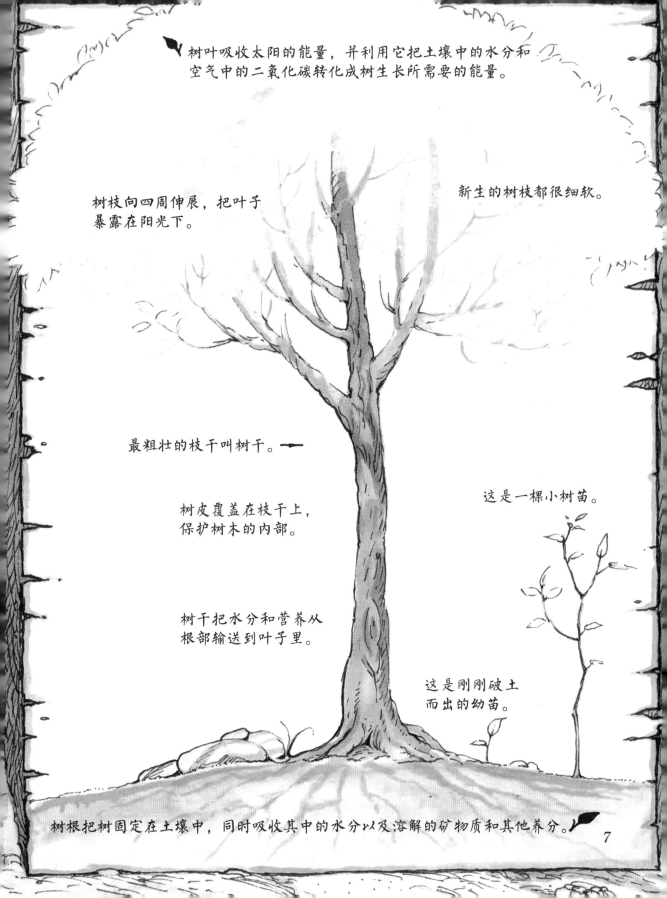

树叶吸收太阳的能量，并利用它把土壤中的水分和空气中的二氧化碳转化成树生长所需的能量。

树枝向四周伸展，把叶子暴露在阳光下。

新生的树枝都很细软。

最粗壮的枝干叫树干。→

这是一棵小树苗。

树皮覆盖在枝干上，保护树木的内部。

树干把水分和营养从根部输送到叶子里。

这是刚刚破土而出的幼苗。

树根把树固定在土壤中，同时吸收其中的水分以及溶解的矿物质和其他养分。

7

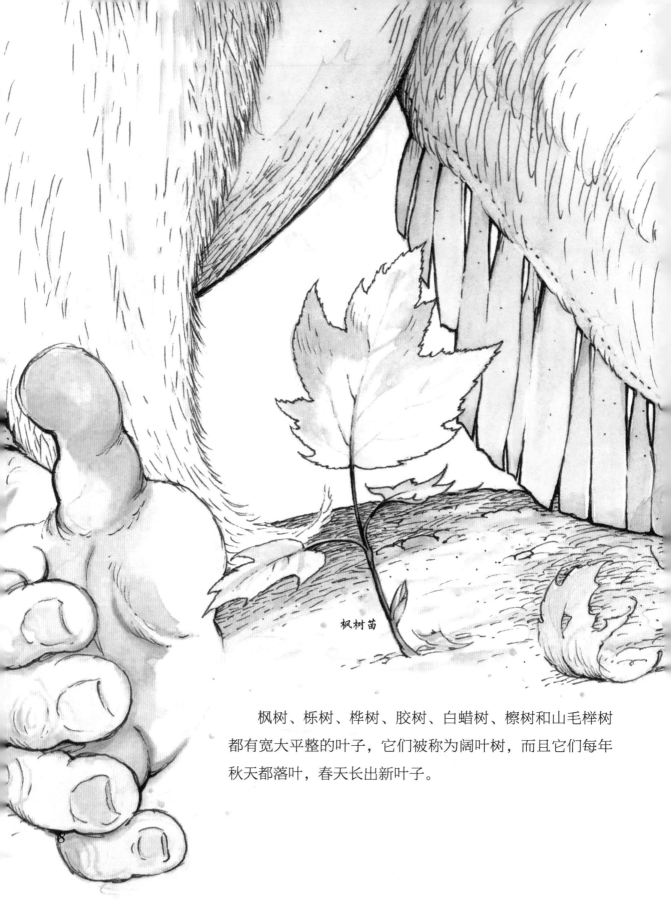

枫树苗

枫树、栎树、桦树、胶树、白蜡树、檫树和山毛榉树都有宽大平整的叶子，它们被称为阔叶树，而且它们每年秋天都落叶，春天长出新叶子。

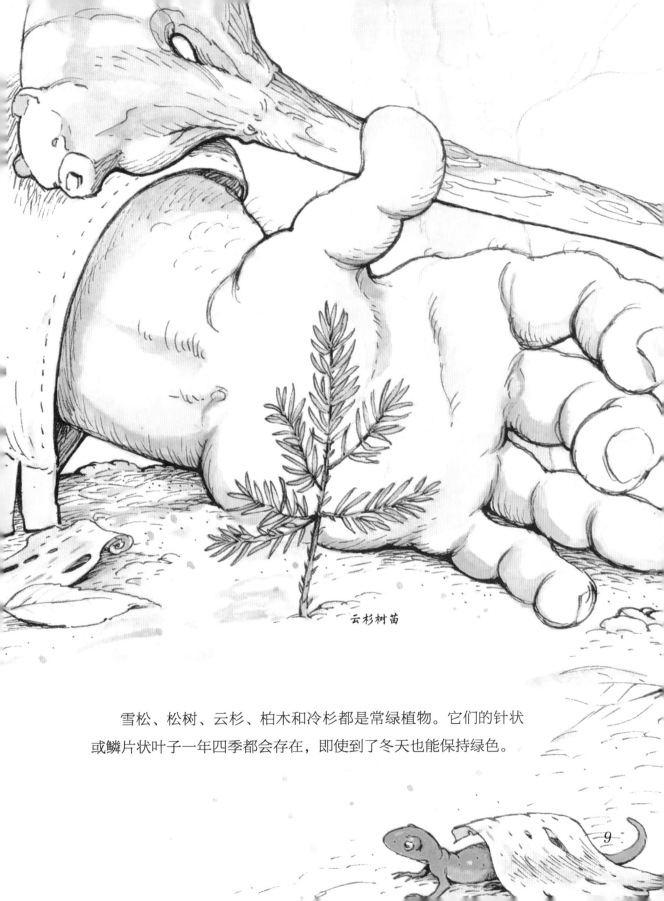

云杉树苗

　　雪松、松树、云杉、柏木和冷杉都是常绿植物。它们的针状或鳞片状叶子一年四季都会存在，即使到了冬天也能保持绿色。

9

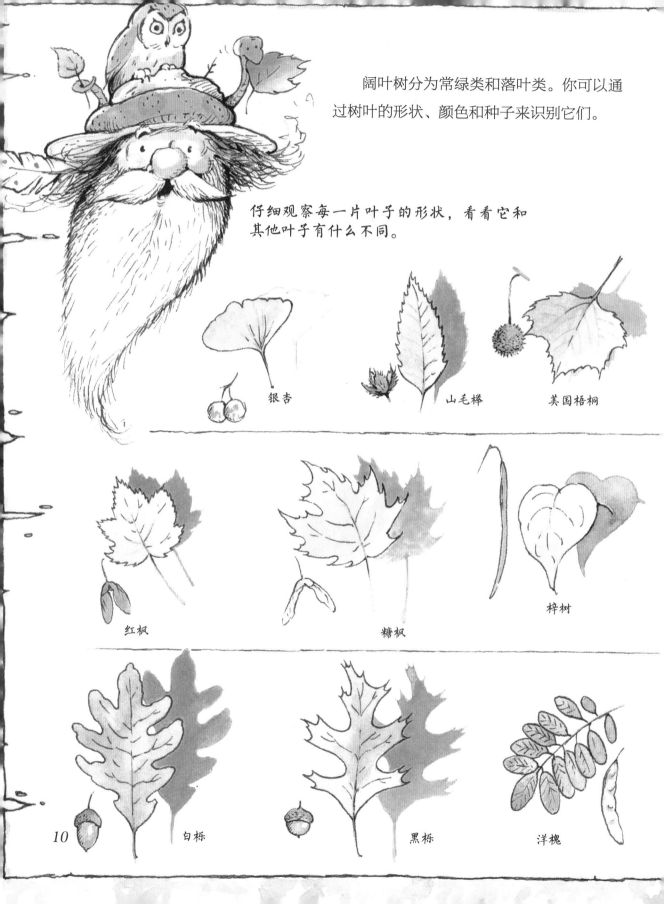

阔叶树分为常绿类和落叶类。你可以通过树叶的形状、颜色和种子来识别它们。

仔细观察每一片叶子的形状，看看它和其他叶子有什么不同。

银杏

山毛榉

美国梧桐

红枫

糖枫

梓树

白栎

黑栎

洋槐

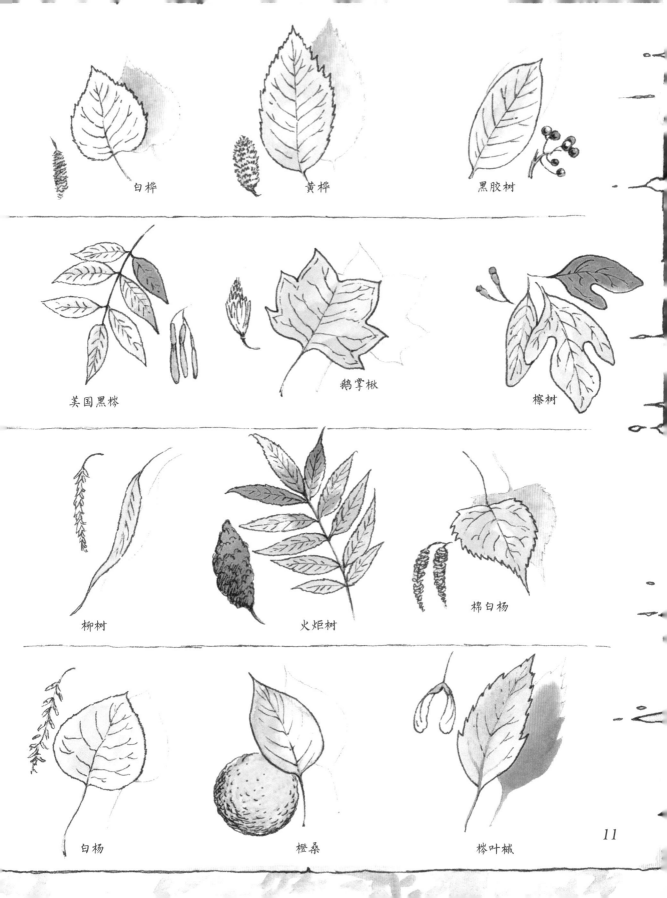

白桦　　　　　　黄桦　　　　　　黑胶树

美国黑梣　　　　鹅掌楸　　　　　檫树

柳树　　　　　　火炬树　　　　　棉白杨

白杨　　　　　　橙桑　　　　　　梣叶槭

11

针叶树的叶子大多是针状的，多为常绿树。
你可以通过针叶或球果来识别它们。

这里有一些不同种类的针叶树供你查找和识别。

松树有长长的针叶，每簇有2、3或5根。　松枝

松树球果

云杉针叶

云杉球果

云杉枝

冷杉的针叶呈扇形。　冷杉枝

冷杉球果

铁杉的针叶向两侧生长。

铁杉枝

铁杉球果非常小。

柏树的叶子像鳞片。

柏树枝和球果

长着球果的柏树枝

落叶松的针叶很短，成束生长。

落叶松是少数会在秋天变色的针叶树。

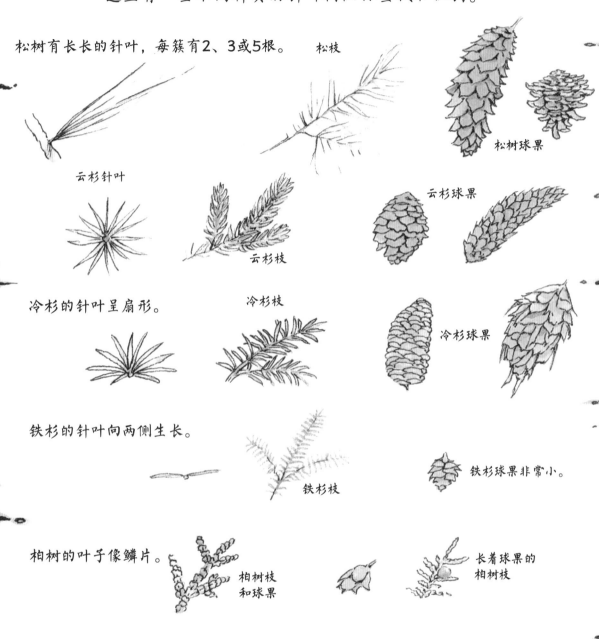

落叶松球果

针叶林看上去是个神秘的地方。缕缕阳光穿透高高尖尖的树顶，投射在大地上。声音仿佛被常绿的枝杈阻断了，空气里充满着芬芳的味道，四周一片静谧。

14

相比之下，阔叶林则开阔宽敞。微风轻拂，吹来绿叶的芳香。阳光在树干上留下斑驳的光影。一旦有点儿声音，就会在树木间清晰地回荡，易碎的落叶在脚下噼啪作响。

最适合野生动物生存的地方是混交林，它拥有不同年龄、高度和品种的树木。混交林的空间可以分成很多层，各种野生动物都能找到适合自己生存的地方。

这是高高的林冠层……

这是以枝干为主的中间层……

这是地面的草本层。

17

在混交林里，有幼苗，有壮年树，也有老树；有阔叶树，也有针叶树。它们能给野生动物提供丰富多样的食物，而且保证动物们全年都有得吃。

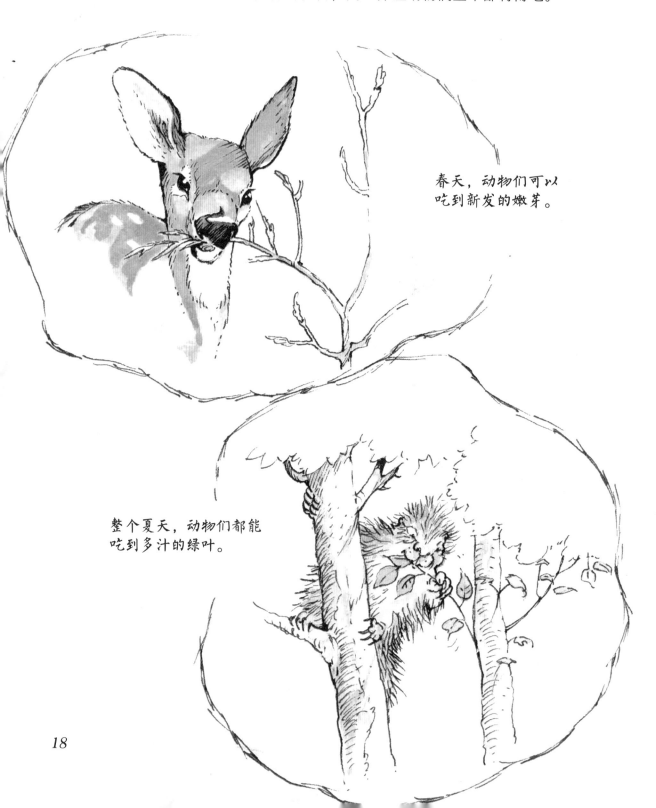

春天，动物们可以吃到新发的嫩芽。

整个夏天，动物们都能吃到多汁的绿叶。

秋天是品尝种子和
坚果的季节。

冬天虽然食物短缺，但枯枝上的
冬芽也能凑合着吃。

19

除了食物，森林还能为野生动物们提供很多庇护场所——树荫下、枝叶间、树洞里，或者树根下的洞穴，都是适合它们安家的地方。

对于野生动物来说，病树和枯树都是非常重要的资源。瞧，这段空树干是几十种蛀木昆虫的家，还能为浣熊、负鼠、臭鼬、熊，当然还有啄木鸟，提供食物！在枯树上，山雀和松鼠可以筑一个舒适的家。松鼠还会把榛子和松果储存到干燥的树洞里。

每当有一棵大树轰然倒下，森林里就会出现一小块开阔空间，明媚的阳光直射到那里。松鸡、火鸡和其他很多野生动物都喜欢到这里觅食和休息，因为这里更暖和，而且处于密林中间，也更安全。

倒下的老树为新树让出了生存空间，这就是大森林的生命循环。

我管这片长满树苗的山坡叫"拐杖林"。这里的冬季漫长而寒冷，树苗长期被厚厚的积雪压着，向下方倾伏，根部慢慢地就弯了，长得像拐杖一样。

一棵树的形状很大程度上是由它的生长环境决定的。

看，这棵白桦树在一块巨石的缝隙里发芽了，

然后它在这里顽强地长成了一棵大树。

有时，两棵树刚好紧挨着生长。它们的根会在地下争夺养分，枝叶在空中争夺阳光。随着时间的流逝，树干也会纠缠在一起。

这棵树在幼年期被另一棵树压弯了腰，但它仍然顽强地成长着。后来，那棵树枯死了，而它还在继续向上生长。

因为生长环境不可能完全相同，所以大自然中的每一棵树都是独一无二的！

27

我最爱的是高大的古树。铁杉和红杉像巨塔般拔地而起，栎树和枫树像武士一样肆意伸展粗壮的枝干。

28

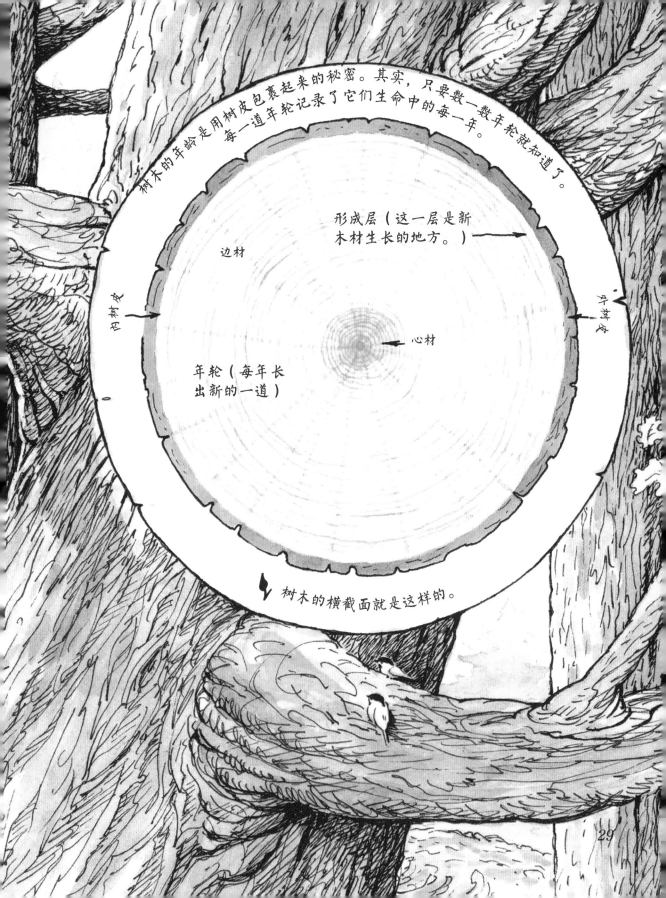

树木的年龄是用树皮包裹起来的秘密。其实，只要数一数年轮就知道了。每一道年轮记录了它们生命中的每一年。

形成层（这一层是新木材生长的地方。）

边材

内树皮

外树皮

心材

年轮（每年长出新的一道）

树木的横截面就是这样的。

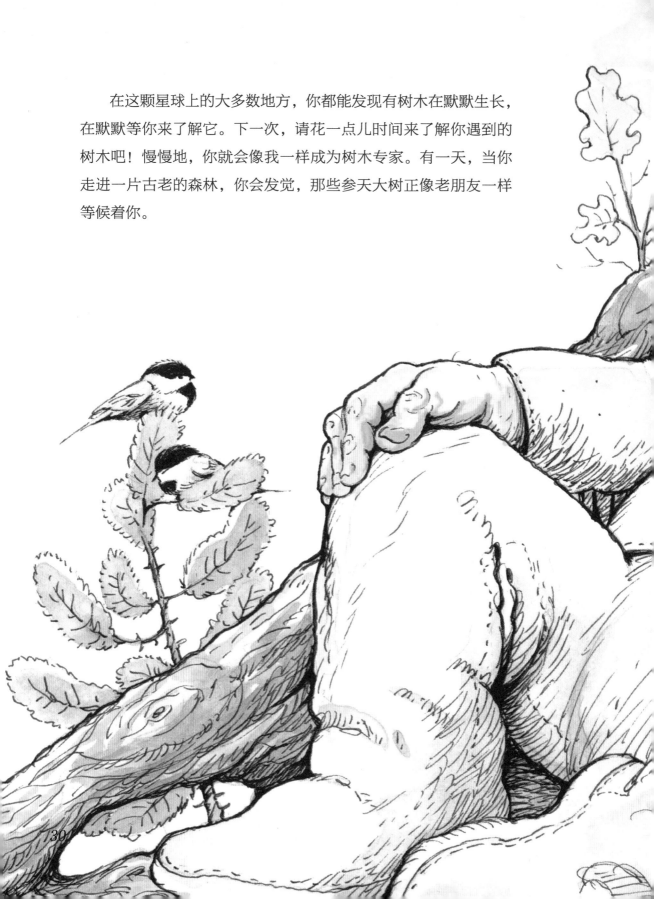

在这颗星球上的大多数地方，你都能发现有树木在默默生长，
在默默等你来了解它。下一次，请花一点儿时间来了解你遇到的
树木吧！慢慢地，你就会像我一样成为树木专家。有一天，当你
走进一片古老的森林，你会发觉，那些参天大树正像老朋友一样
等候着你。

克林克洛特也是一种野花的名字。在《我在森林里出生，靠吃蜂蜜长大》这本书中，他已经告诉你，这种野花生活在哪里了。

　　克林克洛特能听到一只狐狸在树林中徘徊的脚步声，能在大山中发现鼹鼠堆起的小土丘，能在大白天发现猫头鹰。在《动物追踪指南》这本书中，他将教你很多追踪技巧。

　　大多数时候，只要一醒来，克林克洛特就会觉得脚痒，他迫不及待地要去探索。如果你跟不上他的步伐，没关系，好好读一下《野外徒步指南》吧，它会帮你真切地体会到探索大自然的乐趣！

图书在版编目（CIP）数据

森林爷爷自然课.树木认知指南 /（美）吉姆·阿诺斯基著绘；洪宇译
.—北京：东方出版社，2021.11
ISBN 978-7-5207-2093-9

Ⅰ.①森… Ⅱ.①吉… ②洪… Ⅲ.①自然科学－儿童读物②树木－儿童读物
Ⅳ.① N49 ② S718.4-49

中国版本图书馆 CIP 数据核字（2021）第 041764

森林爷爷自然课（全 12 册）
（SENLIN YEYE ZIRAN KE）

著　　绘：[美]吉姆·阿诺斯基
译　　者：洪　宇
策 划 人：张　旭
责任编辑：丁胜杰
产品经理：丁胜杰
出　　版：东方出版社
发　　行：人民东方出版传媒有限公司
地　　址：北京市西城区北三环中路 6 号
邮　　编：100120
印　　刷：鸿博昊天科技有限公司
版　　次：2021 年 11 月第 1 版
印　　次：2021 年 11 月第 1 次印刷
印　　数：1—10000 册
开　　本：650 毫米 ×1000 毫米　1/12
印　　张：44
字　　数：420 千字
书　　号：ISBN 978-7-5207-2093-9
定　　价：238.00 元
发行电话：（010）85924663　85924644　85924641